CRÉDIT AGRICOLE

SOMMAIRE

QUE DEVIENT LE PROJET DE LOI PRÉSENTÉ AU ...
COMMENT EXPLIQUER L'OPPOSITION IMPRÉVUE QU'IL A RENCONTRÉ
QUEL EST L'ARTICLE ESSENTIEL DE CE PROJET
IL EST URGENT DE VOTER, AU MOINS, A COMMENCER
LES MOYENS PRATIQUES DE METTRE LE CRÉDIT
A LA PORTÉE DES AGRICULTEURS DANS DES CONDITIONS
QUI LEUR DONNERONT
LA POSSIBILITÉ D'EN FAIRE UN USAGE PROFITABLE

PAR

Ad. BILLETTE

Auteur de nombreux écrits sur cette matière

PARIS

DUBUISSON ET Cⁱᵉ, IMPRIMEUR-ÉDITEUR

5, RUE COQ-HÉRON, 5

1885

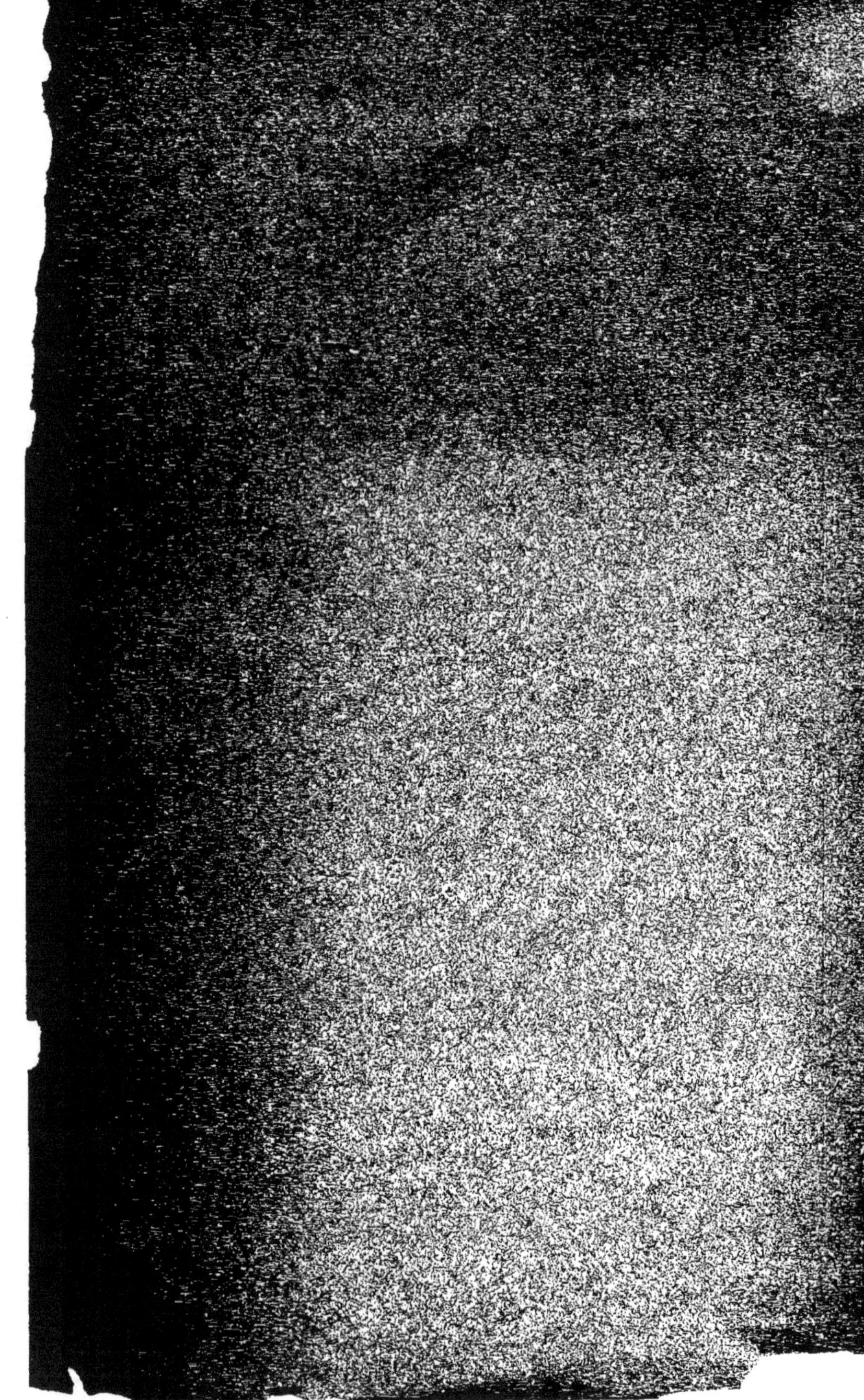

LA QUESTION

DU

CRÉDIT AGRICOLE

LA QUESTION

DU

CRÉDIT AGRICOLE

SOMMAIRE :

QUE DEVIENT LE PROJET DE LOI PRÉSENTÉ AU SÉNAT ?
COMMENT EXPLIQUER L'OPPOSITION IMPRÉVUE QU'IL A RENCONTRÉE ?
QUEL EST L'ARTICLE ESSENTIEL DE CE PROJET ?
IL EST URGENT DE VOTER, AU MOINS, LA COMMERCIALISATION.
LES MOYENS PRATIQUES DE METTRE LE CRÉDIT
A LA PORTÉE DES AGRICULTEURS DANS DES CONDITIONS
QUI LEUR DONNERONT
LA POSSIBILITÉ D'EN FAIRE UN USAGE PROFITABLE

PAR

Ad. BILLETTE

Auteur de nombreux écrits sur cette matière.

PARIS

DUBUISSON ET Cⁱᵉ, IMPRIMEUR BREVETÉ

5, RUE COQ-HÉRON, 5

1885

LA QUESTION

DU

CRÉDIT AGRICOLE

I

La nécessité de mettre le *Crédit* à la portée des travailleurs des champs comme il est à la portée des travailleurs des villes, est reconnue depuis longtemps.

Il y a plus de trente ans que le pouvoir exécutif est à la recherche des meilleurs moyens de donner satisfaction aux légitimes réclamations des agriculteurs sous ce rapport. En vue de cette recherche, des Commissions, composées des hommes les plus compétents, ont été instituées à plusieurs reprises, et des enquêtes considérables ont été faites, soit en France, soit à l'étranger.

C'est donc après avoir mûrement étudié la question que le gouvernement a fait déposer sur le bureau du Sénat, au cours de la session ordinaire de 1882, le projet de loi sur le Crédit agricole mobilier.

La solution proposée n'est peut-être pas absolument parfaite (où est, en ce monde, la perfection absolue?), mais elle est très acceptable, car elle est basée sur le principe le plus indiscutable de notre droit public *(la liberté des conventions, pourvu qu'elles n'aient rien de contraire à l'ordre public et à la morale)*, et il est permis d'en attendre un bon résultat.

Mais le but que l'on poursuit, dût-il n'être pas atteint, qu'il faudrait encore se hâter de voter cette loi, car elle est, avant tout, un acte de justice et de réparation.

Eh bien ! ce projet de loi est tenu en échec devant le Parlement par une opposition, qui est, je n'en doute pas, très consciencieuse, mais qui est, assurément, fort mal inspirée.

La discussion commencée au Sénat en 1883 a été suspendue, pour un complément d'information, à la suite d'un vote défavorable au *nantissement sans déplacement*.

Une nouvelle enquête a été ordonnée ; elle était bien inutile, car elle ne pouvait que confirmer celles faites antérieurement avec beaucoup de soin et d'impartialité.

Néanmoins elle a eu lieu, et elle est terminée depuis longtemps. Les résultats en sont consignés dans deux gros volumes qui ont été imprimés en 1884, et qui ne seront probablement jamais lus par ceux qui les ont demandés pour être mieux éclairés.

Depuis, les choses sont restées dans le *statu quo*.

Faut-il en conclure que le gouvernement a changé d'avis sur cette question, et que M. le Ministre actuel de l'Agriculture est moins bien disposé que ne paraissait l'être son prédécesseur ? Je ne le crois pas, car, comme M. Méline, M. Hervé Mangon ne manque jamais une occasion de rappeler qu'il attache la plus grande importance à une bonne solution de ce problème.

Je crois plutôt que si la discussion n'a pas été remise officiellement à l'ordre du jour, c'est parce que depuis de longs mois les préoccupations politiques ont été si absorbantes qu'elles ne laissaient pas de place pour les simples discussions d'affaires.

Il ne faudrait pourtant pas que cet ajournement se pro-
longeât outre mesure, car il aurait pour résultat d'accré-
diter une assertion aussi dangereuse que fausse, et qui
consiste à dire : *si on ne fait rien, c'est parce qu'il n'y
a rien de bien à faire*, et il permettrait de répéter, avec
une apparence de vérité, ce qui a déja été écrit dans
quelques journaux, à savoir : que « la promesse d'orga-
» niser le Crédit agricole n'est pas autre chose qu'une
» promesse faite en vue des élections, et dont ceux qui
» l'ont faite ne se souviennent plus après les élections ?

II

J'ai dit plus haut que la discussion avait été interrom-
pue en 1883 à la suite d'un vote contraire au principe du
nantissement sans déplacement que le projet de loi se
proposait d'organiser ; ce vote n'a été acquis qu'après
deux épreuves douteuses, et les adversaires du Crédit
agricole ne l'ont obtenu qu'en faisant appel aux scru-
pules des légistes sur le point spécial du *nantissement
sans déplacement.*

J'estime que les conséquences de ce vote ont été singulièrement exagérées. *Le nantissement sans déplacement,* dans les conditions proposées, n'avait rien de bien
effrayant, mais, soit que l'on voulût se réserver d'y réflé-
chir plus mûrement, soit que l'on fût décidé à l'écarter
définitivement, ce n'était pas une raison pour ajourner
l'adoption du principe fondamental du projet de loi,
c'est-à-dire la destruction des barrières qui ferment aux
agriculteurs l'accès du Crédit. — Que l'on refusât de
faire pour eux une législation exceptionnelle et de

faveur, je l'admets. — Était-ce une raison pour ne pas leur restituer de suite le libre exercice du droit commun ? Je ne le crois pas.

Ce qu'il s'agit d'organiser, c'est le *Crédit personnel* des cultivateurs ; le crédit qui a surtout pour base la confiance dans l'exécution des engagements pris, en dehors de toute affectation d'une garantie matérielle. Or, le nantissement, avec ou sans déplacement, est l'affectation d'une garantie matérielle, et à ce titre, il rentre dans les opérations du *Crédit réel*, bien plutôt que dans celles du *Crédit personnel*. J'ajoute qu'il est, et restera, quoi qu'on fasse, non pas un moyen de crédit, mais un moyen d'emprunt (ce qui n'est pas la même chose) tout à fait exceptionnel, utilisable seulement dans les cas extrêmes.

Il n'y a donc pas de raison pour qu'il soit nécessairement question du *nantissement* dans une loi destinée à organiser le *Crédit personnel* des agriculteurs en vue des besoins journaliers de leur industrie.

III

Je ne crois pas me faire illusion en espérant que l'un des premiers soins de M. le Ministre de l'Agriculture, à la rentrée, sera de demander la reprise de la discussion du projet de loi, après en avoir éliminé, s'il le faut, les dispositions concernant le nantissement sans déplacement ; sauf à se réserver de revenir plus tard sur cette question spéciale, si la nécessité s'en fait sentir.

Toutefois, il ne faut pas oublier que, si le *nantissement sans déplacement* a été le prétexte de l'ajournement, le projet de loi, dans son ensemble, a été combattu par quelques orateurs qui prétendaient s'opposer au passage à la discussion des articles. Ils ont échoué dans cette entreprise, mais la discussion générale a fourni la preuve irrécusable que, parmi nos législateurs les mieux intentionnés, il y en a au moins quelques-uns qui ne se rendaient pas, alors, exactement compte du but que l'on poursuit, et des moyens que l'on pourra mettre en œuvre pour l'atteindre. Sont-ils mieux éclairés aujourd'hui ? Je le désire, mais il est permis d'en douter.

Il est donc probable que (même si l'on juge à propos de faire disparaître les articles relatifs au nantissement), le projet de loi n'échappera pas à leurs critiques.

Etant profondément convaincu que ces critiques, en ce qui concerne le principe même de la loi, sont basées sur *une erreur de fait*, il me paraît utile, en prévision de la reprise de la discussion, de faire un effort pour essayer de dissiper cette erreur.

C'est le but que je me propose en écrivant ces pages.

Non pas que je me berce de l'espoir de convertir ceux qui, imbus des idées d'un autre siècle, prétendent encore protéger les cultivateurs contre leur ignorance, et refusent de mettre entre leurs mains un instrument fort utile, sous prétexte que cet instrument pourrait les blesser, s'ils en font un mauvais usage; mais je veux essayer de mettre obstacle à la propagation de certaines hérésies parmi les personnes qui cherchent la solution de bonne foi et sans parti pris.

IV

L'Agriculture ne compte en France que des amis.

Tout le monde, sans exception, serait heureux de la voir prospérer. Cette unanimité n'a rien qui doive surprendre si l'on considère que la prospérité de l'agriculture étant l'élément le plus indispensable de la prospérité générale, nous sommes tous intéressés à ce qu'elle ne soit pas compromise. — Il est incontestable, en effet, que la détresse actuelle de notre agriculture est la cause principale du malaise qui se fait sentir en ce moment dans toutes les branches du travail national.

Mais, si nous sommes tous d'accord pour désirer la prospérité de l'agriculture, nous sommes loin de nous entendre quand il s'agit de rechercher les meilleurs moyens qui pourraient contribuer à ramener cette prospérité depuis trop longtemps disparue. — Sur ce terrain, les divergences les plus tranchées se manifestent, et les appréciations les plus contradictoires se donnent carrière. Il n'est pas rare de voir critiquer vivement ou même réprouver absolument par les uns ce qui est demandé ou recommandé avec instance par les autres.

Je ne m'étonne pas trop de cette diversité des opinions quand il s'agit d'apprécier le mérite d'une augmentation des droits de douane sur les céréales et les bestiaux ; ou celui d'un dégrèvement de l'impôt foncier, et d'une diminution des droits de mutation.

On ne peut pas espérer que les partisans du libre échange et ceux de la protection se mettent jamais d'accord sur une question de douanes ; les uns ne voyant guère que les intérêts des consommateurs, et les autres regardant surtout les intérêts des producteurs. — Je ne dis pas que les uns aient tort et les autres raison, je me borne à constater un fait indéniable, et j'en conclus qu'il est suffisant, sinon pour justifier, du moins pour expliquer l'antagonisme qui se produit en pareille matière.

De même, quand il s'agit de réductions d'impôts, il est assez naturel que, dans l'état actuel de nos finances, ceux qui ont souci de l'équilibre du budget s'opposent de toutes leurs forces à ces réductions, en cherchant à démontrer qu'elles profiteraient uniquement à ceux qui possèdent la terre, et non à ceux qui la cultivent, et que, alors même qu'elles profiteraient en totalité aux cultivateurs, le bénéfice pouvant en résulter pour chacun d'eux ne saurait être mis en balance avec le préjudice qui en résulterait pour le Trésor. — Il y a donc là encore des intérêts opposés qui expliquent l'antagonisme des opinions.

Mais que nous ne soyons pas unanimes pour reconnaître qu'une bonne organisation du Crédit pourrait rendre d'importants services à l'agriculture, voilà ce qui est plus difficile à expliquer. Il n'y a point ici d'intérêts opposés. Personne ne peut se plaindre qu'on le blesse, si peu que ce soit, pour favoriser autrui ; comment se fait-il donc que l'application du Crédit aux besoins de l'agriculture rencontre des adversaires déclarés ?

V

Je me hâte de dire que, parmi les adversaires du *Crédit agricole*, je n'entends point ranger les hommes qui se bornent à douter du résultat ; — Ceux, par exemple, qui cherchent à prévenir les illusions, et recommandent aux cultivateurs de ne point compter outre mesure sur cette innovation, et de ne point se figurer qu'il suffira d'avoir du Crédit et d'en user bien ou mal, pour obtenir de bonnes récoltes toujours rémunératrices. Ceux-là sont de prudents amis plutôt que des adversaires.

J'en dirai autant de ceux qui doutent que le crédit puisse jamais être utile à l'agriculture *parce que*, pensent-ils, *on ne parviendra jamais à le mettre à sa disposition dans des conditions qui lui permettent d'en user avec profit.* La nature de cette objection prouve qu'ils ne méconnaissent pas l'importance des services que le crédit pourrait rendre si l'on parvenait à le bien organiser, c'est-à-dire à l'organiser de telle sorte que les cultivateurs puissent en user avec profit. — Ceux-là ne sont que des adversaires conditionnels, et ils deviendraient des partisans sincères le jour où il leur serait démontré que les conditions qu'ils croyaient irréalisables sont réalisées.

Ni les uns ni les autres ne s'opposeront à ce que l'expérience soit tentée ; ils la laisseront faire, sans grand espoir de succès sans doute, mais ils la laisseront faire parce qu'ils ne voudront pas, avec juste raison, prendre la responsabilité de l'empêcher.

Ceux que j'appelle des adversaires déclarés, ce sont les hommes qui ne craignent pas d'affirmer que le *Crédit*

mis à la portée de l'Agriculture « serait pour nos cam-
» pagnes un présent funeste, dont *la seule* conséquence
» possible serait de hâter la ruine des gens que l'on pré-
» tend secourir, et, par suite, la décadence irrémédiable
» de notre pays. »

Ceux-là sont bien des ennemis déclarés, décidés à faire
tout ce qui dépendra d'eux pour fermer à nos agriculteurs
l'accès du Crédit.

J'avoue qu'avant d'avoir entendu soutenir cette opinion
à la tribune du Sénat, je ne soupçonnais pas qu'elle pût
exister. Elle existe pourtant, et il n'est pas permis de suspecter la sincérité de ceux qui la professent, pas plus
qu'il n'est permis de suspecter la sincérité de ceux qui
croient et disent que « le Crédit bien organisé peut et
» doit rendre d'importants services à l'agriculture, et con-
» tribuer à ramener la prospérité dans notre pays. »

Mais alors comment expliquer des convictions si dia-
métralement opposées?

VI

A la question qui termine le paragraphe précédent, je
n'ai pas su trouver d'autre réponse que celle-ci:

« Pour que des hommes désintéressés, intelligents,
» d'une égale bonne foi, et désirant tous la prospérité de
» l'agriculture, soient en contradiction aussi formelle les
» uns avec les autres, quand il s'agit d'émettre un avis
» sur les conséquences possibles ou probables d'une
» réforme qui mettrait le Crédit à la portée des cultiva-
» teurs, il faut qu'il y ait entre ces hommes quelque
» grave *malentendu.* »

Cette réponse, que je me suis faite à moi-même, m'a

paru logique, mais elle ne m'a pas complètement satis-
fait. — Constater que le désaccord ne peut provenir que
d'un *malentendu*, c'est assurément quelque chose ; on
peut espérer que, le malentendu cessant, l'accord se
rétablira facilement, mais il serait bien plus utile de
savoir en quoi consiste ce malentendu afin de travailler
à le faire disparaître. — Car, tant qu'il existera, s'il ne
suffit pas pour compromettre la réforme projetée, il
pourra, dans une certaine mesure, en retarder le bienfai-
sant effet.

J'ai donc recherché ce qui, dans cette affaire, pouvait
donner lieu à un *malentendu* et je suis arrivé à cette
conclusion que : si nous ne sommes pas tous d'accord sur
les conséquences probables de la réforme en projet, c'est
parce que nous ne comprenons pas tous de la même
façon la signification de ces mots : *Organisation du
Crédit agricole*.

C'est en cela, je crois, qu'il y a *malentendu*, et
peut-être ne faut-il pas s'en étonner ?

Il nous arrive trop souvent en France d'employer certains mots pour exprimer une pensée qui n'est point con-
forme au sens naturel de ces mots ; et puis, avec le
temps, le sens faussé se substitue, pour bien des gens,
au sens réel. — Ainsi, pour ne citer qu'un exemple, pre-
nons le mot : *conservateur*. — Le dictionnaire de l'Aca-
démie nous dit : *conservateur*, celui qui *conserve*, qui
protège, qui *défend* ; or, aujourd'hui, quand, en matière
politique, on dit : c'est un *conservateur*, neuf personnes
sur dix comprennent que cela veut dire : c'est un homme
qui voudrait *renverser* l'ordre de choses établi.

Le sens des mots n'est pas toujours aussi complètement interverti, mais il est souvent dénaturé par un
mauvais usage.

Le mot *crédit* est dans ce dernier cas :

Crédit signifie *croyance, confiance.*

Qu'on l'emploie dans un sens ou dans l'autre, c'est toujours la *confiance* qu'il exprime.

Quand on dit : M. A. jouit d'un grand crédit au Sénat, cela veut dire que ses collègues *croient* à la sûreté de son jugement, et ont une grande *confiance* dans ses appréciations.

Si on dit : M. B., négociant, jouit d'un grand crédit, cela veut dire que les personnes qui sont en relations d'affaires avec lui *croient* à sa solvabilité, et qu'elles ont la *confiance* qu'il remplira exactement les engagements qu'il prendra.

Eh bien, de ce mot qui n'exprime qu'une impression morale, on a fait — en y joignant un adjectif plus ou moins heureusement choisi, — on a fait, dis-je, une multitude de *noms propres* servant à désigner autant d'établissements financiers, qui, pour la plupart, n'avaient pas d'autre but que de spéculer à la Bourse au moyen de capitaux qu'ils pourraient attirer à eux par des promesses fallacieuses ; et qui, pour la plupart aussi, ont bientôt disparu, en ne laissant derrière eux que ruines et déceptions.

Il résulte de là que, pour bien des personnes, le mot *Crédit* suivi d'un adjectif évoque involontairement le souvenir de tous les établissements de spéculation dont je viens de parler, et on se dit : Encore *un Crédit !* à quoi bon ? nous avons vu déjà trop de ces établissements ?

Les mots : *Crédit agricole,* en particulier, rappellent trop exactement l'un de ces établissements de funeste mémoire, pour qu'il y ait lieu de s'étonner de la méprise des gens qui ne vont pas au fond des choses. A leurs

yeux le *Crédit agricole* ne peut être utile à rien, parce
que rien d'utile n'a jamais été fait par un établissement
de spéculation, qui, il y a quelque trente ans, avait pris
abusivement ces deux mots pour en faire sa raison
sociale.

Ainsi quand on parle *d'organiser le Crédit agricole*,
c'est-à-dire de faire disparaître les *entraves légales*
qui ne permettent pas aux cultivateurs d'utiliser la confiance qu'ils inspirent pour se procurer les moyens d'augmenter le produit de leur travail, comme tous les
autres travailleurs peuvent le faire ; quand on cherche, en un mot, à rendre aux cultivateurs le libre
exercice du droit commun, dont on les a injustement
privés autrefois, sous prétexte de les protéger contre
leur ignorance, un certain nombre de personnes se figu-
rent encore qu'il s'agit *d'organiser un établissement de
Crédit* qui n'aurait *d'agricole* que le nom, et qui, au
lieu de venir en aide aux cultivateurs, ne viserait qu'à
accaparer leurs épargnes pour les risquer dans des spé-
culations aventureuses, et ne pourrait que pervertir nos
braves populations rurales par la contagion du mauvais
exemple.

Il est certain que, si telle devait être la conséquence
de l'organisation du *Crédit agricole*, on ne tarderait
pas à en constater les funestes résultats ; mais envisa-
ger les choses de la sorte, c'est se faire une idée tout à
fait fausse des mesures proposées par le gouvernement
et cette idée fausse constitue le *malentendu* qui peut
seul expliquer l'opposition que quelques amis de l'agriculture font au projet de loi soumis au Sénat.

Je reconnais que le titre de : *Projet de loi sur le Crédit agricole mobilier* a pu contribuer à la confusion
que je signale, car ce titre évoque fâcheusement le sou-

venir de deux établissements qui n'ont jamais eu d'autre raison d'être que la spéculation. — Cette confusion ne se serait probablement pas produite si le projet de loi dont il s'agit portait un titre indiquant plus exactement ce qu'il est en réalité ; s'il était intitulé, par exemple : « *Projet de loi tendant à faire rentrer les agriculteurs* » *dans le droit commun, au point de vue du Crédit,* » ou bien : « *Projet de loi ayant pour objet d'écarter les* » *entraves qui empêchent les agriculteurs d'utiliser* » *pour les besoins de leur industrie la confiance* » *qu'ils inspirent.* »

Ces formules ne sont pas très législatives, j'en conviens, mais, après tout, qu'importe le titre puisque le texte ne prête pas à l'équivoque. Il suffit, en effet, de lire attentivement le projet de loi pour faire cesser tout malentendu. Ce projet ne s'occupe pas le moins du monde de l'organisation d'un établissement quelconque ; toutes ses dispositions tendent uniquement à faire disparaître les entraves qui gênent la liberté légitime des cultivateurs sans profit pour personne ; et, en échange de cette émancipation, elles ne leur imposent aucune contrainte, car ils ne seront pas obligés d'user de cette liberté si elle leur est antipathique.

Qui donc oserait s'opposer à ce que les travailleurs des champs fussent traités comme tous les autres travailleurs ?

Personne, assurément.

Aussi est-il permis d'espérer que le projet de loi sur le Crédit agricole, mieux compris, et allégé, si l'on veut, des dispositions relatives au nantissement qui pourront faire l'objet d'une loi spéciale dont la nécessité n'est point aussi urgente, sera voté, si ce n'est à l'unanimité, au moins à une très grande majorité par les deux chambres.

2

VII

Après avoir lu les réflexions contenues au paragraphe précédent, toutes les personnes qui n'ont point de parti pris reconnaîtront que le projet de loi soumis au Sénat ne justifie pas les alarmes qu'il a fait naître dans quelques esprits, et qui ont été manifestées avec la vivacité que l'on sait.

Ce projet, je le répète, n'a qu'un but :

« *Donner aux cultivateurs la possibilité d'utiliser* » *la confiance qu'ils inspirent, pour se procurer les* » *moyens d'obtenir plus de produit d'une même* » *quantité de terrain.* »

Toutes ses dispositions tendent vers ce but.

Il faut, en vérité, regarder singulièrement les choses, pour trouver dans un pareil projet une incitation à l'agiotage et une cause de ruine pour l'agriculture.

J'ai dit précédemment que les opposants ne paraissaient pas *se rendre bien compte du but que l'on poursuit ni des moyens que l'on pourra mettre en œuvre pour l'atteindre.*

La première partie de cette proposition me semble suffisamment justifiée; on verra bientôt que la seconde n'est pas moins exacte.

Mais avant d'aborder cette démonstration je demande la permission d'ouvrir une parenthèse pour répondre à une interrogation, qui, quoique ayant un caractère purement personnel, se rattache très directement au sujet que je traite.

On m'a dit, on me dira, ou on pensera :

« **A** quel titre vous présentez-vous dans cette affaire

» comme l'interprète de la pensée officielle ? et qui vous
» donne le droit de croire que vous la comprenez mieux
» que nous ? »

Je réponds : je ne me présente point comme l'interprète
de la pensée officielle, car, dans tout ce qui précède, je
n'ai rien interprété; je n'ai fait qu'exposer les choses
comme elles sont, me bornant à essayer de dissiper les
nuages qui pourraient empêcher la vérité de luire à
tous les yeux.

Je ne sache pas qu'il faille avoir un brevet pour avoir
le droit de travailler à ce que l'on *croit* être *le bien*. J'ai
toujours cru, et je crois encore, qu'il suffit pour cela
d'avoir de la bonne volonté. Mais s'il me fallait chercher
une excuse à mon intervention dans ce débat, je la trou-
verais, je l'espère du moins, dans mon vieux dévouement
à la cause que je défends. Je suis certainement un des
plus anciens partisans de l'*idée mère* qui a donné naissance au projet aujourd'hui en discussion.

Bien avant que le *mot commercialisation* des engagements des cultivateurs ne fût inventé, j'avais réclamé
la chose dans un écrit qui a été imprimé en 1854. Depuis
lors, je n'ai pas cessé de combattre pour cette idée, et je
crois avoir contribué pour quelque chose à la faire adopter par le pouvoir exécutif. On ne doit donc pas trouver
étrange que j'intervienne quand je vois que l'on cherche à
la travestir pour la faire échouer devant le Parlement.

Je dois avouer cependant que je n'ai jamais demandé
l'introduction dans le projet de loi, des dispositions relatives au *nantissement sans déplacement*, et à *la réduction du privilège du propriétaire*; j'ai plutôt combattu
cette introduction ; mais cela ne m'empêche pas de reconnaître que le *nantissement sans déplacement* pourrait
être parfois une ressource utile ; — et que *la réduction*

du privilège du propriétaire, dans des limites raisonnables, serait, en tout état de cause, une mesure désirable et juste ; mais je prévoyais les difficultés que ces deux questions pourraient faire naître, et pour éviter une perte de temps déplorable, j'aurais préféré qu'on s'occupât d'abord exclusivement de la *commercialisation*, sauf à résoudre plus tard, si on le peut, les deux autres questions.

La *commercialisation* est la base indispensable du crédit.

Sans elle, on ne peut rien faire (je l'ai affirmé il y a plus de vingt ans, lorsque l'on a créé le triste établissement qui avait été décoré du nom de *Crédit agricole*). — La preuve est faite.

Avec elle, au contraire, on peut faire beaucoup, même en l'absence du *nantissement sans déplacement*, et de la réduction du privilège des propriétaires ; — on le verra bien vite.

Je prie mes lecteurs de me pardonner cette digression, et je reviens à mon sujet.

VIII

J'ai trop de confiance dans la loyauté de mes contradicteurs pour craindre qu'ils méconnaissent désormais la pensée qui a présidé à la rédaction du projet de loi, mais je n'attends pas que cela suffise pour les convertir immédiatement.

« Soit, me diront-ils, l'intention est bonne, nous l'ad-
» mettons d'autant plus volontiers que nous n'avons
» jamais douté qu'il en fût ainsi ; mais il ne suffit pas

» d'avoir une bonne intention pour produire un bon
» résultat ; et, dans l'espèce, avec une loi réduite aux
» proportions que vous lui assignez, le résultat sera abso-
» lument nul. Quand les cutivateurs pourront s'engager
» *commercialement*, cela fera-t-il qu'ils pourront trouver
» à emprunter, à des conditions qui ne soient pas trop
» onéreuses, l'argent dont ils ont besoin ? L'agriculture
» manque de capitaux, cela est incontestable ; si son fonds
» d'exploitation était plus considérable, elle obtiendrait
» des produits plus abondants, nous le reconnaissons avec
» vous ; mais pour augmenter son fonds d'exploitation, il
» lui faudrait des prêteurs, et c'est là ce qui manque.
» L'agriculture ne peut pas payer de gros intérêts, et les
» capitalistes ne se sentent guère attirés vers elle.

» La nouvelle loi ne changera rien à cette situation,
» car il n'y a pas de loi qui puisse forcer les gens à prêter
» leur argent dans des conditions et à des emprunteurs
» qui ne leur conviennent pas.

» Donc, si cette loi ne conduit pas aux résultats désas-
» treux que nous prévoyons, elle sera tout au moins
» inutile.

» A quoi bon, alors, affronter un danger, même pro-
» blématique, si l'on ne peut conserver l'espoir de tirer
» quelque profit de cette aventure ? »

On voit que je ne cherche pas à atténuer les objections
présentées par les adversaires du projet de loi ; je crois
les avoir résumées, dans les lignes qui précèdent, aussi
nettement et aussi loyalement que possible ; et j'espère
qu'après les explications qui vont suivre, il n'en restera
plus rien.

Ici encore, je ne suspecte point la bonne foi des
opposants, mais il me paraît certain qu'ils ne se rendent
pas bien compte du rôle que joue le Crédit dans les

relations humaines. A leurs yeux le *Crédit* ne peut servir *que pour emprunter une somme d'argent*. Or, comme il est de notoriété publique que tout cultivateur qui emprunte est un homme sur le chemin de la ruine, ils en concluent que mettre le Crédit à la portée des cultivateurs, c'est leur faciliter les moyens d'emprunter, et par conséquent, de se ruiner.

Eh bien, cette appréciation est tout à fait erronée; il y a entre un *emprunt* et une *opération de Crédit* une différence considérable, à laquelle on ne fait pas assez attention.

Dans l'emprunt le prêteur remét à l'emprunteur une somme d'argent que celui-ci s'oblige à rembourser à une époque déterminée, mais dont, en attendant, il peut disposer à sa fantaisie.

Dans une opération de Crédit, celui qui fait crédit livre une marchandise quelconque destinée à être travaillée, transformée, revendue par l'acheteur qui s'engage à en payer le prix à une époque déterminée, jugée suffisante pour la transformation et la revente.

Sans aucun doute, celui qui emprunte 1,000 fr. en argent, et celui qui achète pour 1,000 fr. de marchandises *à crédit*, sont tous deux dans la même situation au point de vue de l'importance de l'engagement pris; chacun d'eux est débiteur de 1,000 fr. qu'il devra rembourser; mais c'est le seul point de ressemblance entre les deux opérations. Quant aux résultats, ils sont diamé-tralement opposés. Quatre-vingt-dix-neuf fois sur cent, l'argent emprunté est dépensé d'avance; il n'en reste rien entre les mains de l'emprunteur quand arrive le moment de l'échéance de la dette, et il faut y ajouter les intérêts. Au contraire, les marchandises achetées pour être travaillées, transformées et revendues donnent presque toujours à l'acquéreur non seulement le moyen d'acquitter sa dette, mais encore une rémunération pour son travail personnel.

Les emprunts d'argent sont des opérations onéreuses qu'il faut restreindre autant que possible, et les achats à crédit de marchandises destinées à être travaillées, transformées et revendues sont des opérations fructueuses qu'il faut encourager autant que possible.

Le projet de loi sur le Crédit agricole n'a pas d'autre but, c'est donc une grande erreur que de le croire destiné à faciliter les emprunts.

Quand nous aurons une bonne organisation du *Crédit agricole*, les *emprunts d'argent* faits par les cultivateurs, au lieu de devenir plus nombreux, seront moins fréquents, *parce qu'ils seront plus difficiles* et *moins nécessaires*.

Ceci a tout l'air d'un paradoxe; on va voir cependant que c'est une vérité incontestable.

J'admets qu'il est de notoriété publique que tout cultivateur qui emprunte est un homme qui se ruine; mais je conteste que ce soit parce qu'il emprunte qu'il se ruine; non ; c'est parce qu'il se ruine qu'il emprunte. En d'autres termes, le cultivateur qui emprunte est généralement, depuis longtemps, au-dessous de ses affaires; il emprunte pour se libérer des dettes criardes qui le harcèlent; et dans ces conditions, l'emprunt ne peut que précipiter la ruine, car pour boucher un trou, il en fait un plus grand. Il en serait autrement si l'emprunt était employé à des améliorations culturales bien entendues; dans ce cas, au lieu d'être une cause de ruine, il serait une source de prospérité.

Malheureusement, dans l'état actuel des choses, sur cent emprunts faits par les cultivateurs il n'y en a pas un qui reçoive la seconde destination; c'est pour cela qu'on peut dire avec une quasi-certitude que tout cultivateur qui emprunte se ruine.

Cependant un cutivateur qui veut emprunter ne manque jamais de prétexter les besoins de son exploitation;
et cette présomption d'un emprunt utile peut exercer une
certaine influence sur le capitaliste, et l'incliner à ouvrir
sa bourse à un homme qu'il croit dans une bonne
situation. Lorsque tout cultivateur, dans une situation
normale, pourra se procurer par le Crédit tout ce qui
sera nécessaire pour les besoins de son exploitation,
celui qui recherchera un emprunt d'argent avouera, par
ce seul fait, qu'il est dans une situation obérée, et naturellement, les emprunts d'argent seront pour lui *plus
difficiles qu'ils ne le sont aujourd'hui*.

J'ai dit, en second lieu, qu'une bonne organisation du
Crédit agricole rendra les emprunts d'argent moins
nécessaires. D'abord les rares emprunts d'argent qui se
font aujourd'hui pour les besoins de la culture ne seront
plus nécessaires du tout, puisque le cultivateur, dans une
situation normale, pourra se procurer par le Crédit tout
ce dont il aura besoin pour son exploitation. En outre, la
production devenant plus abondante, la situation générale
des cultivateurs s'améliorera, et par conséquent, ils seront
moins exposés à la nécessité de recourir à des emprunts
de liquidation.

Il est donc évident qu'une bonne organisation du Crédit rendra, pour les cultivateurs, les emprunts d'argent
plus difficiles et moins nécessaires. Mais je vais plus
loin, et je ne crains pas d'affirmer que, grâce à cette loi
que l'on trouve insignifiante parce qu'elle se borne à
rendre aux cultivateurs la liberté de s'engager comme ils
l'entendront, l'*agriculture* trouvera facilement, et sans
emprunt, toutes les ressources qui lui sont nécessaires.

Je dis *l'agriculture* et non les *agriculteurs*, parce qu'il y a entre *l'agriculture* et les *agriculteurs* une distinction essentielle à établir. Les *agriculteurs* ont souvent des besoins que n'a pas *l'agriculture*. Les agriculteurs ignorants, paresseux, débauchés, ne trouveront certes pas dans la loi un moyen de compenser leurs défauts ; mais les agriculteurs intelligents, laborieux et honnêtes y trouveront un moyen de tirer meilleur parti de leurs qualités ; et il doit être bien entendu que c'est à ces derniers seulement qu'il s'agit de venir en aide, parce qu'eux seuls représentent réellement *l'agriculture*. Les désastres occasionnés par les défauts des premiers ne peuvent être mis sur le compte de *l'agriculture*.

Assurément, quand les cultivateurs pourront s'engager commercialement cela ne fera pas qu'ils pourront trouver à emprunter, à des conditions qui ne soient pas trop onéreuses, *l'argent* dont ils auraient besoin; mais cela fera qu'ils n'auront plus besoin *d'argent* pour se procurer en temps opportun tout ce qui sera nécessaire pour faire fructifier leur travail. Pouvant s'engager commercialement ils seront dans la position de tous les autres industriels qui trouvent facilement à acheter à crédit toutes les matières premières de leurs industries, en réglant leurs achats par un billet à ordre payable à une échéance qui leur laisse le temps d'opérer la transformation et la réalisation.

On ne prétendra pas, je l'espère, que l'agriculture mérite moins de confiance que les autres industries et qu'elle trouvera moins de crédit chez ses fournisseurs ; mais on dira qu'elle n'est pas dans une situation à pouvoir se contenter du crédit de 90 jours généralement en usage.

L'objection est fondée, mais elle a été prévue, et la réponse est toute prête; nous la ferons connaître plus loin, quand nous examinerons les moyens que l'on pourra mettre en œuvre pour faire produire à la loi tous les bons résultats qu'il est permis d'en attendre ; c'est-à-dire, pour mettre le crédit à la portée des cultivateurs, dans des conditions appropriées aux exigences de leur industrie.

Le *capital d'exploitation* de l'agriculture est insuffisant, personne ne le conteste ; mais c'est une erreur de croire qu'il soit nécessaire de recourir aux détenteurs du *capital argent* pour donner au capital d'exploitation l'importance qu'il doit avoir. En quoi consiste le capital d'exploitation ? Il consiste en instruments aratoires, bestiaux, semences, engrais, etc. ; pour le compléter, il suffit de s'adresser aux détenteurs de ces différents objets, c'est-à-dire aux marchands de matières premières ; et si ceux-ci consentent à les vendre à crédit, moyennant un règlement commercial, le capital d'exploitation se trouvera augmenté sans le concours des *prêteurs d'argent*. Qu'importe donc que les capitalistes ne se sentent guère attirés vers l'agriculture ? Est-ce que, d'ailleurs, ils sont plus attirés vers les autres industries ?

Où a-t-on vu un capitaliste prêter directement à un industriel, ou même à un commerçant ? Nulle part. Et cependant, le commerçant et l'industriel en bonne position ne manquent jamais de ressources pour exploiter convenablement leur industrie ou leur commerce, quoiqu'il y ait souvent une différence énorme entre le capital effectif qui leur appartient et leur capital d'exploitation.

Qui leur fournit cette différence ? Le Crédit.

Pourquoi n'en serait-il pas de même pour l'industrie agricole ?

Pourquoi l'abstention ou les exigences des capitalistes seraient-elles plus préjudiciables à l'agriculture qu'aux autres industries ?

Puisque le commerce et l'industrie n'ont pas besoin de *prêteurs d'argent*, pourquoi l'agriculture ne pourrait-elle s'en passer, quand elle pourra faire ce qui permet au commerce et à l'industrie de s'en passer?

Est-ce à dire que le *capital argent* soit inutile au commerce et à l'industrie ?

Non, car il en est le nerf ; mais il ne va guère à eux sous forme de prêt ; il ne leur vient généralement en aide que par l'intermédiaire du crédit dont il est la base.

C'est par ce même intermédiaire qu'il doit venir en aide à l'agriculture, sans qu'elle ait besoin pour cela de s'adresser directement à lui.

Il est bien certain que la nouvelle loi ne changera rien aux dispositions des capitalistes ; elle n'a point la prétention de forcer les détenteurs du *capital argent* à le prêter malgré eux, à qui ne leur convient pas. Mais ce capital rétif a un *Sosie* plus accommodant, qu'on appelle le *Crédit* ; et c'est pour mettre l'agriculture en communication avec ce *Sosie*, que la loi propose la *commercialisation* des engagements des agriculteurs.

Etant universellement reconnu, sans conteste, que le *Crédit* est un instrument précieux qui rend des services considérables aux travailleurs honnêtes qui savent l'utiliser, il est difficile d'admettre que la loi proposée puisse être dangereuse ou inutile.

IX

Après avoir démontré que le projet de loi n'a pas d'autre but que de rendre la liberté aux cultivateurs, afin de leur permettre d'user du Crédit, s'ils le jugent à propos, il nous reste à examiner si cette loi suffira pour mettre le Crédit à la portée de l'agriculture dans des conditions qui lui permettent d'en user avec profit.

Je ne crains pas de me prononcer pour l'affirmative.

Oui, cette loi suffira pour que désormais l'agriculture puisse se procurer aisément tout ce qui lui sera nécessaire au moment précis où elle en aura besoin.

Pour atteindre ce but, il n'y a pas autre chose à demander au législateur ; mais cela ne veut pas dire qu'il n'y a pas autre chose à faire, cela ne veut pas dire qu'après le vote de la loi il suffira de se croiser les bras et d'attendre que le Crédit vienne féconder les sillons de nos campagnes.

Une loi ne fait rien par elle-même ; pour qu'elle produise un résultat, il lui faut le concours des hommes. La plupart des lois qui sont des lois restrictives de la liberté des individus, ne peuvent être exécutées qu'avec le concours de l'autorité publique. — Les autres qui, comme celle dont nous nous occupons, sont des lois de liberté, n'ont pas besoin du concours de l'autorité, mais il leur faut celui des gens qui veulent en profiter. La loi présentée suffira pour procurer à l'agriculture les ressources qui lui manquent ; mais c'est à la condition que l'on saura utiliser la liberté qu'elle restitue aux cultivateurs.

Il est clair, en effet, que pour qu'elle produise le résultat qu'on en attend ; pour qu'elle ouvre aux cultivateurs la porte du crédit, il faut d'abord que ceux-ci consentent à s'engager commercialement ; car, s'ils refusent de souscrire des engagements commerciaux, ils ne trouveront pas plus de crédit *après* qu'*avant* la loi. Mais les cultivateurs honorablement connus, qui consentiront à souscrire des engagements commerciaux, et qui voudront bien se contenter du crédit de 90 jours, généralement en usage, pourront, dès le lendemain de la promulgation, acheter à crédit les objets dont ils auront besoin pour leur culture ; et si ces engagements sont convenablement domiciliés, ils pourront être passés par le vendeur à son banquier, et par celui-ci à la Banque de France qui les recevra sans difficulté.

Donc, la porte du crédit leur sera ouverte ; et j'ajoute qu'elle leur restera ouverte tant qu'ils feront honneur à leurs engagements.

Ainsi, par le seul fait de la promulgation de la loi, les cultivateurs seront, sous le rapport du crédit, placés dans la même situation que les autres travailleurs ; cela n'est pas contestable.

Mais la situation de l'industrie agricole est exceptionnelle. L'agriculture ne peut pas, comme les autres industries ou comme le commerce, transformer les matières premières qu'elle emploie et les réaliser à volonté ; il lui faut, pour accomplir son œuvre laborieuse, le concours des saisons ; et nulle puissance humaine ne peut avancer d'un jour le moment où elle trouvera dans les produits de sa récolte les moyens de faire honneur aux engagements qu'elle a contractés pour l'obtenir.

Il résulte de là que le crédit de 90 jours généralement en usage, est tout à fait insuffisant pour l'agriculture ;

elle pourra s'en contenter dans certains cas, mais la plupart du temps, il faudra que ce crédit soit doublé et même triplé pour lui être réellement profitable.

Or, si tous les marchands sont disposés à vendre à crédit à une personne solvable, c'est à la condition qu'ils pourront faire escompter l'effet de commerce que l'acheteur aura souscrit en règlement de sa facture; et aujourd'hui, il est à peu près impossible de faire escompter un effet de commerce ayant plus de 90 jours de terme, parce que la Banque de France, non sans raison, a fixé cette limite au papier qu'elle accepte à l'escompte. Pour que les fournisseurs de l'agriculture puissent lui faire un crédit suffisamment long, il faut qu'ils aient la certitude de pouvoir faire escompter un billet ayant six ou neuf mois de terme, tout aussi facilement que celui qui n'a que trois mois à courir. D'un autre côté, les cultivateurs n'ont pas ordinairement leur domicile dans les villes où la Banque de France consent à faire les encaissements, et il serait utile que les engagements qu'ils pourront mettre en circulation leur fussent présentés à leur domicile réel.

La situation spéciale de l'industrie agricole exige donc, sous le double rapport que je viens de signaler, une modification sérieuse des règles adoptées par la Banque de France.

Il est parfaitement vrai que sans cette modification, l'agriculture ne pourrait guère user du crédit d'une manière profitable pour elle ; mais il est également vrai qu'il n'y a point là de difficultés insurmontables, ni même réellement sérieuses.

Je sais nombre de personnes qui s'étonnent que la loi n'ait point songé à écarter ces difficultés, et surtout qu'elle ne fixe pas le taux de l'escompte ou de l'intérêt applicable aux crédits faits aux cultivateurs, qui ne peuvent pas, dit-on, supporter les mêmes intérêts que le commerce.

Un peu de réflexion leur ferait comprendre que tout cela n'est point du domaine du législateur. Une loi ne peut pas forcer le commerce à faire des crédits plus ou moins longs, ni les banquiers à escompter ces crédits.

Elle ne peut pas davantage contraindre les banquiers à accepter un taux d'escompte qui ne leur convient pas, ou à faire encaisser à tous les bouts de la France les engagements des cultivateurs.

La longueur des crédits, la modération du taux de l'escompte et l'encaissement à domicile sont des conditions indispensables, je le reconnais, mais tout cela ne peut se faire qu'en vertu de conventions librement consenties, et dans l'exécution desquelles chacun trouvera son profit.

L'initiative privée peut seule remplir convenablement cette partie du programme ; ce qui prouve que, comme je l'ai déjà dit, toute loi a besoin du concours des hommes pour produire les résultats qu'on est en droit d'attendre d'elle.

Donc, si le projet de loi ne parle ni de la longueur des crédits qui devront être faits à l'agriculture, ni de la nécessité des encaissements à domicile, ni même du taux de l'escompte, c'est uniquement parce que tout cela ne peut faire matière à prescription législative.

Mais ce n'est pas une raison pour supposer que les rédacteurs du projet ne se sont pas préoccupés de ces questions. Je crois, au contraire, qu'ils n'ont présenté ce projet qu'après avoir acquis la certitude morale, si ce n'est matérielle, que l'initiative privée ne resterait pas au-dessous de la mission qu'elle aurait à remplir, pour faire produire à la loi tout le bien qu'il est permis d'en attendre.

X

Il est certain que le succès de la réforme projetée est entièrement subordonné au concours que lui prêtera l'initiative privée ; et il n'y a pas à se dissimuler que sans ce concours qui devra se manifester sous différentes formes, la loi votée serait sans résultat.

Peut-on compter sur le concours de l'initiative privée ? Je réponds :

Oui, on peut y compter d'une manière absolue, si l'initiative privée trouve intérêt à intervenir, car il n'y a pas de facteur plus actif et plus intelligent que l'intérêt privé, quand il est libre de se mouvoir à son gré.

Voyons donc si cet intérêt existera.

Les concours spécialement nécessaires sont :

1° Celui des cultivateurs.

2° Celui des fournisseurs de l'agriculture.

3° Celui des escompteurs.

Le concours des premiers est indispensable parce que si les cultivateurs ne consentaient pas à souscrire des *engagements commerciaux*, il n'y aurait plus à parler du Crédit agricole, les fournisseurs ne pouvant livrer leurs marchandises *à crédit*, que s'ils reçoivent en échange un effet négociable qui puisse leur donner, au besoin, le moyen de renouveler leurs approvisionnements.

Le concours des fournisseurs n'est pas moins nécessaire, parce que, s'ils ne consentaient pas à faire aux cultivateurs des crédits suffisamment longs pour que ceux-ci puissent s'acquitter avec le produit de leur récolte, le but qu'il faut atteindre serait en grande partie manqué.

Enfin, le concours des escompteurs est la condition *sine quâ non* des deux autres.

On comprend, en effet, que s'il n'était pas possible de faire escompter les engagements des cultivateurs ayant huit ou neuf mois de terme, les fournisseurs n'accepteraient pas ces engagements, et, par conséquent, c'est en vain que les cultivateurs consentiraient à les souscrire.

Ces trois concours sont indispensables, mais on voudra bien reconnaître que si aucun d'eux ne fait défaut, le but de la loi sera atteint, *le crédit sera véritablement à la portée de l'agriculture dans des conditions qui lui permettront d'en user avec profit.*

Reste à examiner si ceux dont le concours est nécessaire seront suffisamment sollicités par leur intérêt personnel pour qu'il n'y ait pas à craindre qu'ils s'abstiennent d'intervenir.

L'intérêt des cultivateurs n'a pas besoin d'être démontré; il n'est contesté par personne.

Les cultivateurs ont trop besoin de crédit, et ils le réclament depuis trop longtemps pour qu'il soit permis de craindre qu'ils refusent de se soumettre à la seule condition qui puisse le leur donner, *l'engagement commercial,* surtout quand ils pourront fixer à leur convenance, l'échéance de cet engagement.

L'intérêt des fournisseurs, sans être aussi considérable, n'est pas moins certain.

Tout commerçant a intérêt à vendre le plus possible dans de bonnes conditions, puisque, plus il vend, plus il fait de bénéfices. Or, il n'est pas douteux que ceux qui consentiront à faire aux cultivateurs les crédits nécessaires verront augmenter considérablement le chiffre de leurs affaires, et par conséquent de leurs bénéfices.

Mais pourront-ils sans danger faire les crédits nécessaires?

Je réponds : oui, ils le pourront; car il y a moins de risques à courir en faisant un crédit de huit ou neuf mois à un agriculteur qu'en faisant un crédit de trois mois à un commerçant ou à un industriel ordinaire.

Sans vouloir porter atteinte à la confiance que méritent les commerçants et les industriels ordinaires, il est bien permis de faire remarquer qu'il n'est pas toujours facile de se rendre compte de leur situation ; et qu'ils sont exposés à de brusques changements de fortune que ne peuvent pas toujours prévoir les personnes qui entrent en relations d'affaires avec eux.

Cependant ces relations se nouent assez facilement; le marchand est toujours disposé à vendre; si l'acheteur qui se présente n'a jamais manqué de faire honneur à ses engagements, il est sûr qu'on ne lui refusera pas crédit. A peine le vendeur le plus circonspect prendra-t-il auprès de certaines agences de renseignements quelques informations, qui sont souvent données avec plus de complaisance que d'exactitude ; il craint de manquer une affaire et il se montre facile. On va un peu à l'aveuglette, et, quoiqu'en somme on ne s'en trouve pas trop mal, il n'en est pas moins vrai qu'il y a dans ces relations entre commerçants et industriels ordinaires, une part d'*inconnu* qui constitue un *aléa* assez sérieux, dont il faut tenir compte.

Avec l'agriculture, l'*inconnu* n'existera pour ainsi dire pas. La situation d'un cultivateur ne peut pas être dissimulée; il n'est pas nécessaire de consulter ses livres pour la connaître. A plusieurs lieues à la ronde, tout le monde sait s'il a quelque chose ou s'il ne possède rien; s'il est honnête, laborieux et intelligent; s'il fait de bonnes ou de mauvaises affaires.

Et enfin il n'est point exposé aux brusques revirements de fortune. Assurément, il n'est pas à l'abri de tous les mécomptes; les éléments peuvent gêner ses travaux; la grêle, les épizooties peuvent décimer ses récoltes et ses bestiaux; mais les assurances sont là pour réparer le mal, au moins dans une certaine mesure; et, quoi qu'il arrive, tout cela ne peut causer sa ruine dans l'espace d'une année. Tandis que le commerçant et l'industriel qui sont *bons* aujourd'hui peuvent être *mauvais* demain; il suffit pour cela d'une spéculation malheureuse.

Il y aura donc moins de danger à faire aux cultivateurs un crédit de huit ou neuf mois, qu'à faire aux commerçants et industriels ordinaires un crédit de trois mois; et comme les fournisseurs de l'agriculture pourront trouver dans cette pratique du crédit une source de bénéfices aussi considérables que légitimes, il n'est pas douteux qu'ils auront le plus grand intérêt à en favoriser le développement.

Reste l'intérêt des escompteurs. Au fond, il ne diffère guère de celui des fournisseurs; pour les uns comme pour les autres, il y a intérêt à faire des affaires le plus possible, en courant le moins possible de risques. Si les fournisseurs peuvent, sans danger, faire aux cultivateurs des crédits de huit ou neuf mois, il est évident que les banquiers pourront, sans danger, escompter le papier représentant ces crédits, puisqu'ils auront comme garantie supplémentaire l'endos des fournisseurs.

Je sais bien que les escompteurs ont une préférence

marquée pour le papier court, qui les laisse moins longtemps engagés en leur donnant la même commission
qu'un papier plus long; mais ils ne sont pas embarrassés
pour proportionner la commission à la longueur de
l'échéance, quand celle-ci dépasse la moyenne ordinaire;
et ils connaissent trop bien leurs intérêts pour ne pas
préférer un papier un peu long, mais sûr, à un papier
plus court, mais moins solide.

Le papier de l'agriculture étant absolument sûr, les
escompteurs auront donc intérêt à le rechercher, et ils
le rechercheront malgré la longueur des échéances, s'ils
peuvent trouver eux-mêmes à le faire escompter: car il
ne faut pas perdre de vue que le rôle des escompteurs
se borne, en général, à fournir la troisième signature
nécessaire pour constituer ce qu'on appelle du *papier
fait.*

Or, la Banque de France est aujourd'hui l'unique
réservoir du Crédit; c'est le seul lieu d'où les effets de
commerce n'ont plus besoin de sortir avant l'échéance,
quand ils y sont une fois entrés; mais, pour y entrer, le
papier le meilleur ne doit pas avoir plus de quatre-vingt-
dix jours à courir. Voilà pourquoi, jusqu'à nouvel ordre,
le concours des escompteurs ne peut-être assuré qu'aux
effets n'ayant pas plus de quatre-vingt-dix jours à
courir.

Ainsi, d'un côté, il faut à l'agriculture des crédits plus
longs que 90 jours, et d'un autre côté, le seul établissement dispensateur du crédit (car tous les autres ne sont
que ses intermédiaires) ne peut pas accepter du papier
ayant plus de 90 jours à courir.

Quand je dis que la *Banque de France* ne *peut pas*
accepter du papier ayant plus de 90 jours à courir, il ne
faut pas comprendre que cela lui soit *interdit,* ou *impos-*

sible; non, cela ne lui est pas défendu ; et *elle le pourrait* si *elle le voulait ;* il serait donc plus exact de dire qu'elle ne *le veut pas ;* mais j'ajoute que, dans sa situation, elle a raison, mille fois raison de ne le vouloir pas.

Mais ce que la Banque de France doit s'interdire par des considérations que je n'ai point à discuter ici, et dont je reconnais d'ailleurs la parfaite légitimité, d'autres n'ayant point les mêmes raisons de s'abstenir pourront le faire, et ils le feront ; car il y aura grand profit à le faire.

On sait assez ce que l'escompte du papier du commerce et de l'industrie donne de bénéfices à la Banque de France, pour qu'il soit possible de dire avec certitude, que le papier de l'agriculture qui sera incontestablement plus solide, sera une source de bénéfices considérables pour les établissements qui pourront l'escompter.

La longueur du terme, sans augmenter les risques qui seront à peu près nuls, augmentera beaucoup les bénéfices de l'escompte.

D'une façon ou de l'autre, et peut-être même par plusieurs combinaisons différentes, on trouvera bien le moyen de donner satisfaction à ce besoin nouveau. Il s'agit ici de quelque chose de plus qu'une œuvre d'utilité publique ; il s'agit d'un grand intérêt national ; et, si ce n'est pas assez pour solliciter toutes les bonnes volontés, j'ajouterai que c'est une occasion unique de faire une bonne affaire en faisant une bonne action, et (chose encore plus rare) de gagner beaucoup d'argent en en faisant gagner aux autres, et sans rien faire perdre à personne, puisque le Crédit donnera naissance à des produits qui, sans lui, seraient restés dans le néant.

XI

Quoique la loi ne soit pas encore votée on a déjà, depuis quelques années, mis en avant un certain nombre de combinaisons en vue d'atteindre le but proposé ; ce qui prouve, au moins, que l'initiative privée n'entend point se désintéresser de la question.

Je n'entreprendrai point de rendre compte ici de toutes ces combinaisons, je dirai seulement quelques mots de celles qui ont le plus de notoriété, et je ne parlerai un peu longuement que de celle à laquelle je donne mes préférences, parce que j'estime qu'elle atteindra plus sûrement que toutes les autres le but poursuivi.

§ 1.

En premier lieu, on a pensé à introduire chez nous le système des *Banques d'Ecosse;* et cela était d'autant plus naturel, que tout le monde sait que l'Écosse est un des pays les mieux cultivés et dont le rendement (à l'hectare) est le plus considérable, quoique son climat ne soit pas des plus propices.

On ne peut pas nier que les *Banques d'Ecosse* n'aient rendu et ne rendent encore tous les jours de grands services aux agriculteurs écossais, grâce aux engagements commerciaux que ceux-ci ont eu, de tout temps, la possibilité de contracter (ce qui prouve en passant que les engagements commerciaux ne sont pas incompatibles avec l'agriculture); mais ces Banques n'escomptent que le papier n'ayant pas plus de 90 jours à courir, et nous

avons vu que cela serait insuffisant pour notre agriculture française. On pourrait, sans doute, avoir recours à
des renouvellements trimestriels, mais c'est là un pro-
cédé fâcheux qui augmente les frais, et qui ne doit pas
être employé par les bons débiteurs.

D'un autre côté, on ne saurait oublier que les Banques
d'Écosse ont souvent éprouvé des vicissitudes qui n'ont
pas seulement nui à leur bon fonctionnement, mais ont
compromis l'existence d'un grand nombre d'entre elles
et même la fortune de leurs adhérents. Quand on recherche la cause de ces revers, on est forcé de reconnaître
qu'elle existe tout entière dans la constitution même de
ces établissements, qui demandant leurs principaux
moyens d'action à l'émission de billets de circulation
payables à vue et à des dépôts volontaires constamment
remboursables, se trouvent par ce seul fait à la merci des
événements.

Malgré ces inconvénients, il est certain que les Banques d'Écosse rendent d'importants services; et, si l'on
ne pouvait trouver mieux, il y aurait intérêt à introduire
en France ce genre d'institutions; mais cette introduction rencontrerait, je crois, un obstacle qu'il suffit d'indiquer pour faire comprendre qu'il ne faut pas songer à le
surmonter.

Le système des Banques d'Écosse, c'est le système de
la liberté absolue des *Banques d'émission* de *billets
payables à vue au porteur.* Je sais que certains
financiers ne reculeraient pas devant cette conséquence,
mais j'espère bien que les pouvoirs publics ne l'admet-
tront jamais. Le *billet payable à vue* est un instrument
commode qui rend de grands services, mais c'est un instrument extrêmement dangereux, qui ne peut être laissé
que dans les mains d'une institution comme la *Banque*

de France, qui est sûre d'avoir le *cours forcé* à sa disposition en cas de besoin. Sans le *cours forcé*, le *billet payable à vue* aurait déjà plusieurs fois blessé mortellement la Banque de France, et, si ce grand établissement ne devait plus, dans l'avenir, avoir cette ressource à sa disposition, on pourrait lui prédire, à coup sûr, que, malgré les milliards en or ou en argent qui sont aujourd'hui dans ses caves, son existence se terminerait par une catastrophe.

Comme on ne peut songer sans folie à mettre le *cours forcé* à la disposition de toutes les Banques auxquelles il plairait d'émettre des *billets payables à vue*, j'en conclus qu'il faut bien nous garder d'introduire chez nous le système des Banques d'Écosse, dussions-nous nous priver des avantages que ce système pourrait nous procurer momentanément.

§ 2.

On a regardé aussi du côté de l'Allemagne, et on s'est demandé si l'on ne pourrait pas utiliser chez nous le système des sociétés de *Crédit mutuel* de *Schulze Delitsch* ou de Reiffeisen. Ces institutions, paraît-il, rendent quelques services aux populations agricoles; mais ces services sont forcément très limités, parce que ces sociétés ne disposent que de capitaux insignifiants, et que le champ de leurs opérations est excessivement restreint.

Généralement elles n'acceptent de sociétaires que parmi les habitants d'une même commune; elles ne prêtent leur concours qu'à leurs sociétaires, et leur capital n'est fourni que par ces sociétaires (c'est du moins le système *Reiffeisen*, qui est un amendement du système

Schulze Delitsch plus large, mais qui paraît avoir amené beaucoup de mécomptes). Il est facile de comprendre que dans de pareilles conditions les moyens d'action sont fort insuffisants.

Ces sociétés de *Crédit mutuel* sont des institutions tout à fait primitives, et il me semble que pour s'en contenter, il faut être dans l'impossibilité de trouver mieux. Je me refuse à croire que ce soit notre cas.

Il y a d'ailleurs une raison péremptoire qui les empêcherait certainement de s'acclimater chez nous, c'est que tous les membres d'une société sont *solidaires* les uns des autres, et répondent de tous les engagements contractés par la société, non pas seulement jusqu'à concurrence du capital qu'ils ont engagé dans cette société, mais jusqu'à concurrence de *tous leurs biens personnels.*

Le principe de l'assistance mutuelle est excellent en soi et peut produire de bons résultats quand il est appliqué judicieusement ; mais la première condition d'une application judicieuse, c'est la possibilité de proportionner la responsabilité de chaque associé à l'importance des risques qu'il fait courir à la société. Or, en matière de *Crédit mutuel,* il est à peu près impossible d'établir cette proportionnalité, et avec la responsabilité indéfinie de chaque associé, on peut affirmer que ce sont les associés qui font courir le moins de risques à la société, qui sont le plus exposés à en supporter les charges. Si la société ouvre un crédit de 1,000 fr. à deux associés dont l'un possède 10,000 fr. et dont l'autre ne possède que 1,000 fr., il est clair qu'elle courra moins de risques de non remboursement avec le premier qu'avec le second ; et cependant, si, par malheur, la société vient à faire de mauvaises affaires, le premier emprunteur sera exposé à perdre les

10,000 fr. qu'il possède, tandis que le second ne pourra jamais perdre que les 1,000 fr. qu'il possède.

Je crois que si l'on essayait d'introduire en France les sociétés de *Crédit mutuel*, on ne manquerait pas de trouver des adhérents si les conditions d'admission étaient faciles à remplir; mais ces adhérents seraient généralement des personnes n'ayant rien à risquer; et je suis persuadé que chacun d'eux s'empresserait de se retirer aussitôt que, grâce au concours de la société, il aurait pu gagner quelque chose.

Je dois dire, cependant, que le *Crédit mutuel* n'est point inconnu en France, mais s'il y est pratiqué, ce n'est pas au moyen d'institutions fonctionnant au grand jour, c'est au contraire en le dissimulant autant que possible. Voici comment: Deux ou trois négociants gênés s'entendent quelquefois pour souscrire au profit les uns des autres des engagements qui n'ont point de cause sérieuse et qui n'ont pas d'autre raison d'être que la réciprocité. C'est bien là du *Crédit mutuel*, mais le papier qui le représente ne jouit pas d'une grande considération ; c'est ce que l'on appelle en banque du papier de complaisance, du papier de circulation, et la Banque de France s'interdit de le recevoir. Elle ferme bien quelquefois les yeux, mais il ne faut pas trop compter sur cette indulgence, et le résultat le plus ordinaire de cette pratique est la ruine immédiate de ceux qui y ont recours, lorsque la Banque de France refuse de fermer plus longtemps les yeux.

Au fond le *Crédit mutuel* existe partout, en ce sens que nul ne pourrait faire longtemps crédit aux autres, si d'autres ne lui faisaient crédit à lui-même. Si la Banque de France peut faire tant de crédit, c'est parce que tous, nous lui faisons à elle-même beaucoup plus de crédit qu'elle n'en fait aux autres.

Mais la réciprocité universelle sans laquelle le crédit ne saurait exister, ne peut résulter que de la liberté et de la confiance ; elle ne peut être ni réglementée, ni obligatoire. C'est pour cela que les sociétés de *Crédit mutuel* allemandes sont des institutions défectueuses qu'il ne faudrait songer à imiter chez nous que s'il était impossible de trouver mieux.

§ 3.

Enfin, les personnes qui s'intéressent à cette question du *Crédit agricole* ont pensé que nous pourrions peut-être trouver en Italie, et particulièrement en Lombardie, de bons exemples à suivre. La Lombardie passe pour un des pays les plus fertiles, et on attribue généralement sa fécondité à l'*usage du crédit,* dont les agriculteurs de cette province sont moins privés que beaucoup d'autres.

Deux éminents sénateurs, M. Léon Say et M. Emile Labiche, n'ont pas craint de se transporter personnellement en Italie, pour étudier sur place le fonctionnement des divers moyens employés dans ce pays pour mettre à la disposition des travailleurs de la terre les ressources qui là, comme partout ailleurs, sont indispensables pour obtenir une production abondante.

L'honorable M. Léon Say nous a donné de ce voyage une relation fort instructive et qu'il a su rendre très intéressante, malgré l'aridité des chiffres auxquels il a dû nécessairement accorder une assez large place. Il nous fait parcourir avec lui les différentes contrées qu'il a visitées ; il nous explique avec une clarté et une précision qui ne laissent rien à désirer, le mécanisme des institutions qu'il a vues fonctionner ; et il nous fait connaître avec impartialité les services qu'elles rendent, sans chercher à en exagérer ou à en diminuer l'importance.

Tout cela, je le répète, est fort instructif et fort intéressant; mais il me paraît regrettable que l'honorable M. Léon Say se soit borné à faire un exposé de ce qu'il a vu, et qu'il n'ait pas cru devoir, comme conclusion, exprimer son avis et celui de son compagnon de voyage, sur l'utilité ou la possibilité de pratiquer en France ce qui se fait en Italie.

Son silence, à cet égard, est dû, sans doute, à un excès de réserve. Après avoir mis sous les yeux de ses lecteurs tous les éléments d'information, il a voulu leur laisser le soin de juger par eux-mêmes, à l'abri de l'influence que n'aurait pas manqué d'exercer l'expression de son sentiment personnel.

Je crois donc me conformer au désir de l'honorable sénateur, en disant librement ce que je pense de l'utilité ou de la possibilité de faire chez nous ce que l'on fait en Italie, pour mettre des ressources à la disposition de l'agriculture.

Dans ce but, je vais rappeler sommairement comment les choses se passent chez nos voisins, et je dirai ce qui me paraît ou non applicable à la France.

1° Les agriculteurs italiens souscrivent des engagements commerciaux.

Il n'y a pas le moindre doute que nous puissions avec profit imiter cet exemple; l'engagement commercial étant la condition *sine quâ non* du véritable crédit, si nous voulons organiser chez nous le crédit au profit de l'agriculture, il faut nécessairement que les agriculteurs puissent souscrire régulièrement des engagements commerciaux. C'est un précédent qui justifie la principale disposition du projet de loi soumis au Sénat.

2° Les engagements commerciaux des agriculteurs ne doivent pas avoir, en général, plus de 90 jours de terme

à courir; mais on se prête à *un* ou *deux* renouvellements, à la condition que le débiteur paie les intérêts
d'avance.

Le système des renouvellements est mauvais, surtout
quand il est érigé en principe. La grande difficulté d'une
bonne organisation du Crédit agricole est précisément
la longueur des crédits qui sont nécessaires aux agriculteurs; le système italien ne résout pas cette difficulté;
nous n'avons rien à lui emprunter sous ce rapport. Il faut
chercher mieux.

3° Les banques escomptent les effets des cultivateurs
et font à ceux-ci des avances contre garanties, mais toujours avec la condition de 90 jours de terme, et sauf
renouvellement.

Ceci est à imiter en partie, mais en le perfectionnant;
c'est-à-dire en écartant le système des renouvellements.

4° Enfin, les banquiers des agriculteurs sont ou de
petites banques locales, ou les Caisses d'épargne secon-
dées par la Banque de Milan. Les petites banques locales
peuvent être utilement imitées chez nous — je dirai
bientôt comment. — Quant aux Caisses d'épargne, je ne
crois pas qu'il soit bon de leur donner chez nous le rôle
qu'elles remplissent en Italie.

Les Caisses d'épargne italiennes sont libres, elles
n'ont aucune attache officielle et s'administrent comme
elles l'entendent. Elles se servent des dépôts qu'elles
reçoivent pour faire de la banque au profit de l'agriculture; et quand leurs ressources sont insuffisantes, elles
se font réescompter par la Banque de Milan, qui ne s'en
trouve pas mal.

Ce rôle des Caisses d'épargne est généralement
approuvé; il leur permet de servir à leurs dépôts des
intérêts assez élevés; et il semble tout naturel que les

économies des campagnards servent à féconder le travail des champs. Toutefois, les crédits que les agriculteurs obtiennent ainsi ne leur coûtent pas moins de 7 à 8 0/0 l'an, d'après le témoignage de M. Léon Say. C'est un peu cher.

Quoique les cultivateurs italiens se contentent de ce régime, parce qu'il vaut encore mieux que le défaut de crédit, il est bien permis de désirer pour notre agriculture française des conditions plus douces.

Mais ce n'est pas seulement parce que le concours des Caisses d'épargne est très coûteux, que je ne conseillerais pas d'imiter sous ce rapport l'exemple de l'Italie, c'est surtout parce que le rôle qu'on fait ainsi jouer à ces institutions de prévoyance me paraît extrêmement dangereux, et pour elles et pour leur pays. Il n'est pas raisonnable de disposer, ne fût-ce que pour quelques mois, d'un dépôt qui peut être réclamé à chaque instant. Sans doute, dans les temps calmes et dans les circonstances ordinaires, on ne voit pas à cela grand inconvénient; les dépôts nouveaux sont toujours plus importants que les retraits, et on ne se préoccupe guère que de trouver un emploi utile des excédents de recettes ; mais survienne un de ces moments de gêne qui mettent beaucoup de gens dans la nécessité de prendre sur leurs épargnes pour vivre, alors les versements diminuent et les retraits se multiplient. La Caisse d'épargne, loin d'avoir des excédents à employer, doit songer à se procurer les moyens de faire face aux demandes de remboursements. En pareille circonstance, la Caisse d'épargne est nécessairement obligée de restreindre ses opérations de banque ; et cela, au moment où son concours serait le plus utile à sa clientèle.

Que serait-ce s'il survenait une véritable crise? S'il

fallait traverser une de ces heures pendant lesquelles tout le monde semble avoir perdu la tête, et est dominé, sans trop savoir pourquoi, par une seule et même impression, la peur?

Chacun veut avoir dans sa poche tout l'argent qu'il peut y réunir; les demandes de remboursement arrivent aux Caisses d'épargne avec une telle affluence que le Trésor public, lui-même, se trouve dans l'impossibilité d'y faire face, et est obligé d'imposer des arrangements qui, j'en conviens, tournent généralement au profit des déposants des Caisses d'épargne, mais au détriment du budget.

Que pourrait faire, en pareille circonstance, une caisse d'épargne libre, qui n'a ni la force d'imposer un atermoiement, ni un budget pour réparer largement le préjudice causé? Ce serait la ruine immédiate pour elle et pour toute sa clientèle.

J'estime donc que l'on commet une très grave imprudence en transformant une caisse d'épargne en maison de banque; et je crois que nous aurions grand tort de suivre, sous ce rapport, l'exemple de l'Italie.

Je ne suis cependant pas bien convaincu que la solidité incontestable des raisons que je viens d'invoquer suffirait pour nous empêcher de commettre cette faute. Il est si commode de se borner à imiter ce que l'on voit ailleurs, et il est si fatigant de chercher à faire mieux!

Mais j'ai un puissant auxiliaire, qui fera certainement triompher la cause que je défends; ce puissant auxiliaire c'est le Trésor public lui-même.

Pour transformer les Caisses d'Epargne françaises en maisons de banque, il faudrait leur rendre la liberté de s'administrer comme elles l'entendent; et, comme conséquence, il faudrait que le Trésor public leur remboursât tout ce qu'il a reçu d'elles. Je ne dis pas que cela serait impossible, mais, dans l'état actuel de nos finances, ce remboursement serait certainement une grosse difficulté et j'espère que cette considération, qui ne peut échapper à personne, aidera singulièrement à faire admettre le bien-fondé de mes observations. L'honorable M. Léon Say, qui a été plusieurs fois ministre des finances, et qui est exposé à le redevenir un jour ou l'autre, est mieux à même que personne d'apprécier l'importance de cette difficulté; et ce ne serait peut-être pas se hasarder beaucoup que de supposer qu'il y pensait quand, après avoir raconté ce qu'il avait vu en Italie, il s'est abstenu de nous engager à l'imiter.

§ 4.

Après avoir signalé ce que je reproche aux *Banques d'Ecosse*, aux *Sociétés de crédit mutuel d'Allemagne* et aux *Caisses d'Epargne-Banques d'Italie*, défauts que je crois incompatibles avec une bonne et sérieuse organisation du *Crédit Agricole*, il me reste à indiquer ce qu'il faut faire, selon moi, pour que, chez nous, cette organisation ne laisse rien à désirer.

Pour justifier les explications dans lesquelles je vais entrer, je crois nécessaire de faire d'abord connaître, en deux mots, tout le fond de ma pensée.

Le voici :

Il faut que l'Agriculture ait sa BANQUE DE FRANCE, et par là, j'entends qu'il faut mettre à la disposition de l'agriculture (*spécialement, si ce n'est exclusivement pour elle*), une institution ayant le *pouvoir* et la *volonté* de lui rendre les services que la *Banque de France* rend au commerce et à l'industrie, en tenant compte des nécessités qui font de l'Agriculture une industrie à part.

Pour permettre d'apprécier si cela suffirait pour nous donner une organisation du *Crédit agricole* qui ne laisserait rien à désirer, je vais rappeler sommairement tout ce que la Banque de France fait pour le commerce et l'industrie, et, sur chaque point, j'indiquerai ce que la nouvelle institution devrait faire, je ne dirai pas de *plus*, mais *autrement*, pour mériter véritablement le nom de *Banque de l'Agriculture française.*

1° COMPTES COURANTS

La Banque de France ouvre un *compte courant* à toute personne qui en fait la demande, pourvu que l'honorabilité du postulant soit suffisamment justifiée. — Les comptes courants ouverts par la Banque de France ne portent point intérêts et ne peuvent jamais être débiteurs envers la Banque.

Il y a deux sortes de *comptes courants :*

Le *compte courant d'espèces* et le *compte courant d'escompte.*

Le premier est fort apprécié par certaines catégories des clients de la Banque qui ont besoin d'avoir toujours de fortes sommes à leur disposition pour des paiements imprévus et qui désirent se mettre à l'abri du danger qu'il y aurait à conserver ces sommes chez eux. La Banque est leur caissier responsable, et c'est en cela qu'ils trouvent la compensation [des [intérêts qu'ils perdent. Mais ce genre de compte courant ne peut guère être utilisé par le petit commerce et la petite industrie, qui n'ont point à faire de paiements imprévus et qui n'ont pas l'habitude de laisser leur argent improductif.

Quant au *compte courant d'escompte*, il est indispensable à toute personne qui veut entrer directement en
relations d'escompte avec la Banque de France.

Tout cela peut être imité sans la moindre difficulté.

La Banque de l'agriculture devrait donc ouvrir aussi
des *comptes courants* à ses clients; mais il est certain
que les *comptes courants d'espèces* n'auront jamais
chez elle une grande importance.

Elle ne devra pas viser à se faire le caissier responsable des grandes administrations, la Banque suffit à ce
service et elle y suffira toujours. Or, la Banque de
l'agriculture ne devra tendre qu'à suppléer la Banque de
France dans ce qu'elle ne peut ou ne veut pas faire.

Les *comptes courants* ouverts par la *Banque de l'agriculture* devront rester renfermés dans les limites
modestes qui seront fixées par les besoins de sa clientèle
spéciale; ils ne devront pas porter intérêt, parce que les
comptes courants portant intérêts sont une provocation
aux dépôts volontaires, qui sont toujours un danger pour
les établissements de crédit qui les reçoivent.

2° ESCOMPTE

La Banque de France escompte le papier négociable
qui a pour cause un achat de marchandises. Quand elle
soupçonne qu'un effet de commerce dissimule un emprunt
déguisé, elle le refuse ; non point qu'elle proscrive absolument les emprunts, puisqu'elle fait elle-même des prêts;
mais elle a pour principe que la loyauté exige que toute
affaire soit présentée sous son véritable jour ; et, quand
elle croit reconnaître une dissimulation, elle lui ferme sa
porte, et elle a raison.

Les effets présentés à l'escompte doivent porter au

moins trois signatures admises comme bonnes par le
Conseil d'Escompte de la Banque; et la dernière doit
être celle d'un client ordinaire de la Banque, ayant un
compte courant d'escompte.

Les effets escomptés sont mis en portefeuille, et, à
l'échéance, la Banque les fait encaisser au domicile élu.

Tout cela peut être imité par la Banque de l'Agriculture; parce que, dans tout cela, il n'y a rien qui soit
incompatible avec la situation spéciale de l'agriculture.

Mais la Banque de France impose d'autres conditions
pour l'admission à l'escompte. Ainsi, elle exige que les
effets n'aient pas plus de 90 jours à courir, et qu'ils
soient payables, soit à Paris, soit dans une ville où elle
a une succursale, ou au moins dans une ville rattachée à
l'un de ses établissements, par une décision du Conseil
de Régence. Le maintien de ces deux dernières conditions ne peut se concilier avec les nécessités de l'industrie agricole. Pour justifier son nom, la Banque de
l'Agriculture devrait accepter à l'escompte les effets
ayant pour cause une opération agricole, alors même
qu'ils auraient huit ou neuf mois de terme à courir, et
l'encaissement devrait se faire au domicile des souscripteurs, dans toute la France.

3° AVANCES

Sous ce titre, la Banque de France fait des prêts sur
nantissement, c'est-à-dire contre le dépôt et le transfert
à son nom de certaines valeurs mobilières (Rentes et
actions de chemins de fer français) qui lui sont données
en garantie.

Ces prêts sont généralement faits pour deux ou trois
mois au plus; mais la Banque accorde volontiers des

renouvellements successifs, pourvu qu'à chaque renouvellement on lui paie d'avance les intérêts, jusqu'à la nouvelle échéance. Le débiteur peut rembourser quand bon lui semble.

La Banque de l'Agriculture devrait faire des avances de cette nature à sa clientèle, mais elle devrait les faire pour un temps plus long, pouvant s'étendre jusqu'à une année, sans exiger un renouvellement tous les deux ou trois mois.

4° TAUX DE L'ESCOMPTE ET DE L'INTÉRÊT DES AVANCES

La Banque de France fixe elle-même le taux de l'escompte et de l'intérêt des avances; et il ne peut guère en être autrement.

L'intervention de M. le ministre des finances, dont l'avis doit être demandé, est absolument platonique. Comme on ne peut se passer de la Banque de France, il faut bien accepter ses conditions.

Il résulte de là que le taux de l'escompte est soumis parfois à des variations excessives, d'autant plus excessives que la Banque de France n'est point enchaînée par les prescriptions de la loi de 1807, qui a été abrogée à son profit exclusif. Je ne reproche point ces variations à la Banque de France, je crois qu'elle les déplore autant que qui que ce soit, et qu'elle les éviterait si elle le pouvait; mais il n'en est pas moins vrai qu'il est extrêmement fâcheux de voir le taux de l'escompte s'élever jusqu'à 10 0/0, comme cela est arrivé plusieurs fois; et que l'agriculture pourrait difficilement supporter ce régime.

Heureusement il est permis d'espérer que nous ne verrons pas, de longtemps, la Banque de France élever le taux de l'escompte au-dessus de 5 0/0. Elle n'a jamais dépassé ce taux que pour protéger son encaisse métallique menacée de descendre au-dessus du tiers de la circulation des billets ; or, vu la situation actuelle, une pareille éventualité ne paraît guère à redouter pour l'avenir, en supposant même qu'on ne trouve pas, quelque jour, un autre moyen de protéger efficacement l'encaisse métallique.

Il nous semble donc que l'agriculture n'a point à se préoccuper, quant à présent du moins, de l'éventualité de l'élévation du taux de l'escompte.

Indépendamment des opérations que nous venons de passer en revue, la Banque de France en fait encore d'autres. Elle fait des avances sur lingots et monnaies d'or et d'argent; elle délivre des mandats sur ses succursales ; elle reçoit des titres en dépôt moyennant un droit annuel de gardiennage ; mais tout cela n'intéresse que fort peu l'agriculture; et, en tout cas, la situation particulière des agriculteurs n'exige pas qu'en ces matières on fasse pour eux autre chose que ce qui se fait pour tout le monde. Or, sous ces divers rapports, la *Banque de France* pouvant suffire à tout, la *Banque de l'Agriculture* n'aurait point à s'en préoccuper, puisque, je le répète encore une fois, elle ne devrait viser qu'à suppléer la Banque de France dans ce que celle-ci ne peut faire pour des raisons qui lui sont particulières.

En fait d'Institutions de Crédit, je ne connais rien qui fonctionne mieux que la Banque de France. Si, sous certains rapports, elle laisse à désirer, c'est par le fait de sa constitution et non par le fait de son administration. Eh bien, supposons que nous ayons une institution qui s'appliquerait à prendre la Banque de France pour modèle, mais à laquelle sa constitution permettrait d'adopter les quelques innovations qu'exige l'intérêt de l'agriculture, n'est-il pas certain que l'organisation du *Crédit Agricole* ne laisserait rien à désirer ?

Pourrait-on craindre qu'une pareille institution fût une école d'agiotage et une cause de ruine pour notre agriculture ? Evidemment non.

Soit, me dira-t-on, cela serait parfait, mais où trouver cette institution phénoménale ?

Je reconnais que cette institution n'existe pas aujourd'hui, mais j'affirme qu'elle existera dès qu'on le voudra, et qu'elle sera en mesure de faire tout ce que je viens d'indiquer comme étant désirable. Elle n'existe pas, parce que, dans l'état actuel des choses, elle n'aurait pas de raison d'être. Tant que la *commercialisation* des engagements des agriculteurs ne sera pas votée, à quoi pourrait servir une *Banque de l'Agriculture ?* A rien. Elle serait sans objet si son nom n'était pas un déguisement trompeur.

Il y a bien des années que les statuts de la *Banque de l'Agriculture* sont rédigés. S'ils n'ont point encore été publiés, cela prouve au moins que l'auteur n'a pas été inspiré par l'esprit de spéculation qui a, depuis dix ans, donné naissance à tant de banques inutiles.

Banque de l'Agriculture !... C'était pourtant un beau titre à exploiter !...

La *Banque de l'Agriculture* ne naîtra que quand elle pourra être utile à l'agriculture. Et elle ne pourra être utile à l'agriculture que quand la *commercialisation* des engagements des agriculteurs sera devenue le droit commun.

Au commencement de 1881, la loi sur le *Crédit Agricole* semblait devoir être votée à bref délai, le moment d'agir paraissait venu. Les statuts de la *Banque de l'Agriculture* furent déposés en l'étude d'un notaire de Paris, et ce dépôt a été publié dans les journaux d'annonces légales; mais la loi sur le *Crédit Agricole* ayant été ajournée, les mesures à prendre pour l'organisation de la *Banque de l'Agriculture* ont dû être nécessairement ajournées aussi, car, si la *Banque de l'Agriculture* est le complément nécessaire de la loi sur la *commercialisation*, cette loi est elle-même le préliminaire indispensable de la *Banque de l'Agriculture*.

La réalisation de l'une amènera la réalisation de l'autre.

X

On se demandera peut-être comment une *Banque de l'Agriculture*, dont le siège serait nécessairement à Paris, pourrait mettre le crédit à la portée des cultivateurs qui habitent toutes les régions de la France? Comment les cultivateurs pourront entrer en relations avec cet établissement central? Et comment surtout ils pourront se procurer les trois signatures qui seront indispensables pour que leur papier soit admis à l'escompte?

Je pourrais répondre :

1° La Banque de France aussi a son siège à Paris, cela l'empêche-t-elle de mettre le crédit à la portée des commerçants et industriels qui habitent toutes les régions de la France? Puisque la *Banque de l'Agriculture* doit l'imiter, rien n'empêchera qu'elle ait aussi des succursales si cela est nécessaire;

2° Est-ce que les commerçants et industriels sont en relations directes avec la *Banque de France*? Non; ce sont les banquiers qui sont les intermédiaires de ces relations, et je ne vois pas pourquoi il en serait autrement pour les agriculteurs ;

3° Les trois signatures sont, en effet, assez difficiles à trouver pour un cultivateur qui veut faire un emprunt, mais je répète qu'il ne s'agit point de faciliter les *emprunts* des cultivateurs, mais d'organiser le crédit au profit de l'agriculture. Or, en matière d'opérations de crédit, c'est-à-dire d'achats de marchandises payables à terme, les trois signatures n'ont jamais été une difficulté ; la première est celle de l'acheteur auquel le vendeur ne fait crédit que s'il a confiance en lui ; la seconde est celle du vendeur qui, ayant besoin de renouveler ses approvisionnements, veut faire escompter l'engagement qu'il a reçu de son acheteur, et s'adresse pour cela à son banquier ; enfin la troisième signature est celle du banquier qui porte l'effet à la Banque quand il ne peut pas ou ne veut pas le garder en portefeuille. Dans tout cela, il n'y a point de signature de complaisance à demander à personne ; chacun donne la sienne en faisant ses affaires. C'est ainsi que les choses se passent pour le commerce et l'industrie, et c'est ainsi qu'elles se passeront pour l'agriculture, car il n'y a pas de différence entre un achat fait par un industriel et un achat fait par un cultivateur.

Voilà les réponses que je pourrais faire ; et elles suffiraient pour démontrer que le crédit sera bien réellement à la portée de l'agriculture, alors même que, sous les trois rapports dont je viens de parler, on resterait dans le *statu quo ;* mais je crois que l'on peut apporter une amélioration très grande à ce *statu quo ;* et j'espère que la *Banque de l'Agriculture* favorisera de tout son pouvoir la réalisation de cette amélioration.

Je m'explique :

J'ai critiqué les Sociétés de *Crédit mutuel* d'Allemagne; et j'ai émis l'opinion qu'elles ne s'acclimateront jamais dans notre pays, parce qu'elles imposent à leurs adhérents une *solidarité illimitée* qui est pleine de périls; on a exagéré en Allemagne l'application d'un principe qui est excellent en lui-même, mais qui, comme toutes les meilleures choses, ne vaut plus rien quand on en abuse. Est-ce une raison pour qu'on ne cherche pas à en faire une meilleure application?

L'assistance réciproque est la mère de la civilisation; sans elle, aucune société humaine ne pourrait exister. Sous une forme ou sous une autre, on la trouve partout; et elle est peut-être plus indispensable en matière de crédit qu'en toute autre matière, puisque la Banque de France elle-même (ce grand dispensateur du crédit), se trouve réduite à l'impuissance aussitôt que le public semble vouloir diminuer l'assistance qu'il lui prête ordinairement sans marchander.

L'assistance réciproque est nécessaire en toutes choses, mais on ne peut l'obtenir efficacement que par le libre concours des volontés. Celui qui la donne peut, sans aucun doute, en éprouver un préjudice, mais ce préjudice ne doit pas dépasser les limites qu'il a fixées lui-même.

Demander assistance à quelqu'un en lui disant que cette assistance peut l'entraîner à sa ruine, ce serait faire un acte insensé; ce serait courir avec certitude au-devant d'un refus.

Qu'est-ce que la *solidarité illimitée* imposée par les Sociétés de *crédit mutuel* allemandes à leurs adhérents? N'est-ce pas, pour chacun d'eux, la possibilité d'une ruine complète, occasionnée par des agissements auxquels ils n'auraient point participé? On peut affirmer que si les Sociétés en question trouvent des adhérents, c'est parce que ceux-ci ne comprennent pas la portée de ces deux mots : *solidarité illimitée*. La loyauté exigerait peut-être qu'avant de les enrôler on leur en donnât l'explication ; mais alors que deviendrait le système ?..... Il tomberait, et c'est ce qui pourrait arriver de mieux. Un pacte qui ne doit son existence qu'à l'ignorance des contractants ne mérite pas de vivre.

Après ces réflexions, ai-je besoin d'ajouter que, si je me prononce si énergiquement contre l'introduction en France du système *Schulze-Delitsch* ou *Reiffeisen*, ce n'est point parce qu'il est basé sur le principe de l'assistance mutuelle, mais c'est parce qu'il fait de ce principe excellent une application essentiellement mauvaise, en imposant une *solidarité illimitée* à tous ceux qui sont disposés à s'entre-aider.

J'insiste sur le mot *illimitée*, parce que c'est lui qui gâte tout. La *solidarité*, appliquée dans des limites raisonnables, peut donner de très bons résultats, car elle est, elle-même, une forme de l'assistance mutuelle ; les hommes, en se solidarisant, multiplient leurs forces.

On verra bientôt comment je comprends la solidarité et l'assistance mutuelle en matière de crédit.

J'ai critiqué aussi la transformation des Caisses d'épargne italiennes en maisons de Banque, et je me suis prononcé contre ce système, qui, d'ailleurs, n'a guère de chance d'être adopté chez nous. Mais en parlant des petites banques locales qui se mettent au service de l'agriculture, concurremment avec les Caisses d'épargne, j'ai dit que ces petites institutions pourraient être utilement imitées chez nous.

Je crois, en effet, qu'il sera bon de multiplier autant que possible les moyens mis à la disposition de l'agriculture pour lui faciliter l'usage du crédit ; et il me semble que pour y parvenir d'une manière tout à fait satisfaisante nous n'aurons pas de bien grandes difficultés à surmonter.

Nous possédons déjà tous les éléments de cette organisation dans nos *comices cantonaux* et dans nos *syndicats agricoles*. En complétant ces utiles institutions par l'adjonction d'un petit capital, le but sera atteint.

Quelques syndicats se chargent, dès maintenant, de l'achat en gros et de l'analyse des engrais pour le compte de leurs adhérents ; rien n'est plus facile que de multiplier ces syndicats et d'étendre leur action sans les faire sortir de leur spécialité.

Avec un petit capital d'une cinquantaine de mille francs, dont le quart seulement serait versé, un syndicat cantonal pourrait faire énormément de bien.

On s'étonnera peut-être de m'entendre dire qu'avec d'aussi faibles ressources, on pourrait faire *énormément de bien* ; je reconnais qu'un syndicat pouvant disposer seulement d'une somme de 12,500 fr. serait à peu près impuissant s'il restait isolé ; mais il en serait autrement si ce syndicat pouvait compter sur le concours de la *Banque de l'Agriculture*.

Dans ce cas les ressources ne lui feraient jamais défaut pour les opérations présentant toute sécurité.

Il n'est pas supposable, cependant, que la *Banque de l'Agriculture* consentirait à entrer directement en relations avec tous les syndicats et à ouvrir à chacun d'eux un compte courant d'escompte, car elle n'aurait pas la possibilité d'apprécier la qualité de leurs opérations ; il faut donc trouver un autre moyen d'obtenir son concours.

Ce moyen, c'est la création, dans chaque département, d'une petite *Banque Agricole* qui servirait d'intermédiaire entre les syndicats du département et la *Banque de l'Agriculture*. Il suffirait qu'elle eût un capital de quelques centaines de mille francs, formé comme celui des syndicats, au moyen d'actions souscrites par les agriculteurs et les propriétaires de la région et libérées seulement d'un quart. Cette Banque départementale serait parfaitement en mesure de connaître la manière d'opérer de chaque syndicat et même la solvabilité individuelle de ses clients.

Elle obtiendrait sans difficulté un *compte courant d'escompte* à la Banque de l'Agriculture, car celle-ci ayant la garantie du syndicat cantonal et celle de la Banque départementale, n'aurait plus guère à s'enquérir de la valeur individuelle des souscripteurs des effets qui lui seraient présentés à l'escompte.

En fait, le capital des syndicats et des Banques départementales serait destiné bien moins à alimenter leurs opérations qu'à donner à la Banque de l'Agriculture une garantie justifiant la confiance que celle-ci devra nécessairement leur accorder.

La réalisation de ce programme bien simple donnerait satisfaction à tous les intérêts; il serait difficile de désirer mieux, soit au point de vue de la sécurité pour les établissements de crédit, soit au point de vue des facilités à donner à l'agriculture.

On réunirait ainsi dans une même combinaison tous les avantages d'une puissante organisation, et ceux que peuvent raisonnablement procurer aux faibles l'assistance mutuelle et la solidarité.

Ne serait-ce pas, en effet, de véritables sociétés de *Crédit mutuel*, que les syndicats dont le capital destiné à favoriser l'accès du crédit aux agriculteurs serait fourni par les agriculteurs eux-mêmes ?

Ce serait le *Crédit mutuel*, sans l'accessoire dangereux de la *solidarité illimitée*, mais avec la solidarité limitée par chaque intéressé aux proportions qu'il entendrait lui donner ; car tous les actionnaires d'un syndicat seraient solidaires les uns des autres, mais solidaires seulement jusqu'à concurrence du montant des actions que chacun d'eux aurait librement souscrites.

Telle est l'organisation à laquelle j'accorde, sans hésiter, toutes mes préférences ; et je le fais d'autant plus volontiers, qu'elle ne réclame ni privilèges, ni subventions ; la liberté seule lui suffit.

Un dernier mot pour terminer.

On a objecté que le terme d'une année qui semble être la longueur *maxima* des crédits que devra faire la *Banque de l'Agriculture*, serait insuffisant dans bien des cas. Ainsi, il serait trop court pour permettre d'entreprendre les opérations de drainage, de dessèchement, d'irrigation, de défrichement, etc., etc.

Je réponds nettement :

Les opérations qui viennent d'être énumérées ne sont point des opérations de *crédit* ; ce sont des améliorations foncières qui ne peuvent pas être le résultat d'un achat de marchandises. Pour être effectuées, elles exigent une dépense d'argent ; et si, pour faire cette dépense, il est nécessaire de contracter un emprunt, c'est au Crédit Foncier qu'il faudra s'adresser, et non à la Banque de l'Agriculture.

Je crois même qu'il serait préférable que les opérations de cette nature fussent entreprises par des sociétés spéciales qui pourraient les faire sur une grande échelle ; car elles ne peuvent être véritablement utiles que quand elles sont faites avec ensemble.

Mais si la Banque de l'Agriculture devait refuser de s'immiscer dans la pratique de ces opérations, elle ne refuserait certainement pas son concours financier aux sociétés qui les entreprendraient, si elles lui présentaient des garanties convenables. Le cas est prévu dans ses statuts.

En résumé :

Pour que le *Crédit agricole* soit bien organisé chez nous, il faut :

1° Voter la loi sur la *commercialisation* des engagements des cultivateurs ;

2° Organiser la *Banque de l'Agriculture*, les *syndicats cantonaux* et les petites *Banques agricoles départementales*.

La première partie de ce programme ne peut être que l'œuvre des pouvoirs publics ; et, s'il est permis de penser qu'ils l'ont un peu trop négligée, il n'est pas défendu d'espérer qu'ils finiront bientôt par se décider à l'accomplir.

Quant à la seconde partie, elle est entièrement du domaine de l'initiative privée ; et celle-ci n'est pas habituée à rester inactive, lorsqu'elle peut agir utilement. On le verra bien dès que la loi sera votée.

Septembre 1885.

Paris. — Imp. Dubuisson et Cie, rue Coq-Héron, 5.